Das Projekt

P

Die Lernfelder

L

Lernfeld 1:
Einrichten der Baustelle

Lernfeld 2
Erschließen und Gründen des Bauwerks

Lernfeld 3:
Mauern eines einschaligen Baukörpers

Lernfeld 4:
Herstellen eines Stahlbetonbauteils

Lernfeld 5:
Herstellen einer Holzkonstruktion

Lernfeld 6
Beschichten und Bekleiden eines Bauteiles

Name: ______ Klasse: ______ Datum: ______

„Lernen, ohne zu denken, ist vergebene Mühe.“

Dieser Satz stammt von dem chinesischen Staats- und Sittenlehrer **Konfuzius** (551 – 478 vor Chr.) und sollte für jeden die Grundlage des Lernens und Arbeitens sein. Lernen heißt nicht, etwas auswendig zu lernen, sondern
- sich mit den Inhalten auseinanderzusetzen
- die Inhalte zu begreifen
- das Gelernte anzuwenden.

Auswendiglernen hilft nur kurzfristig. Was nur angelernt und nicht verstanden wurde, kann auch nicht auf andere Bereiche oder Situationen übertragen werden.
Mit Auswendiglernen kann man sicher auch die eine oder andere gute Note erreichen, ein guter Fachmann wird man dadurch aber nicht!

Wie löst man eine Aufgabe?

Die Aufgabe sorgfältig lesen	– Was wird konkret gefragt? – Welche Ergebnisse werden erwartet (Texte, Zeichnungen, Berechnungen ...)?
Informationsquellen herausfinden	– Fachbücher, Tabellenbücher – Aufschriebe – Fachzeitschriften – Internet – Firmenprospekte – Lehrer, Ausbilder, Mitschüler
Lösungsweg festlegen	– Sammeln von Informationen – Ordnen des Materials – Entwurf der Lösung (Zeichnung, Text, Berechnung ...) *Falls die Ergebnisse präsentiert werden sollen:* – Fertigstellen der Lösung (Reinzeichnung, Reinschrift oder Ausdrucken der Texte, Einfügen von Bildmaterial ...)

Häufig werden **Aufgaben in der Gruppe** gelöst.
Dabei sollte man:

- die Aufgabe gemeinsam lesen
- den Lösungsweg besprechen
- festlegen, wer in der Gruppe welche Aufgabe übernimmt
- die erledigten Einzelarbeiten zusammentragen, besprechen und die Lösung formulieren

Name: ______________ Klasse: ______________ Datum: ______________

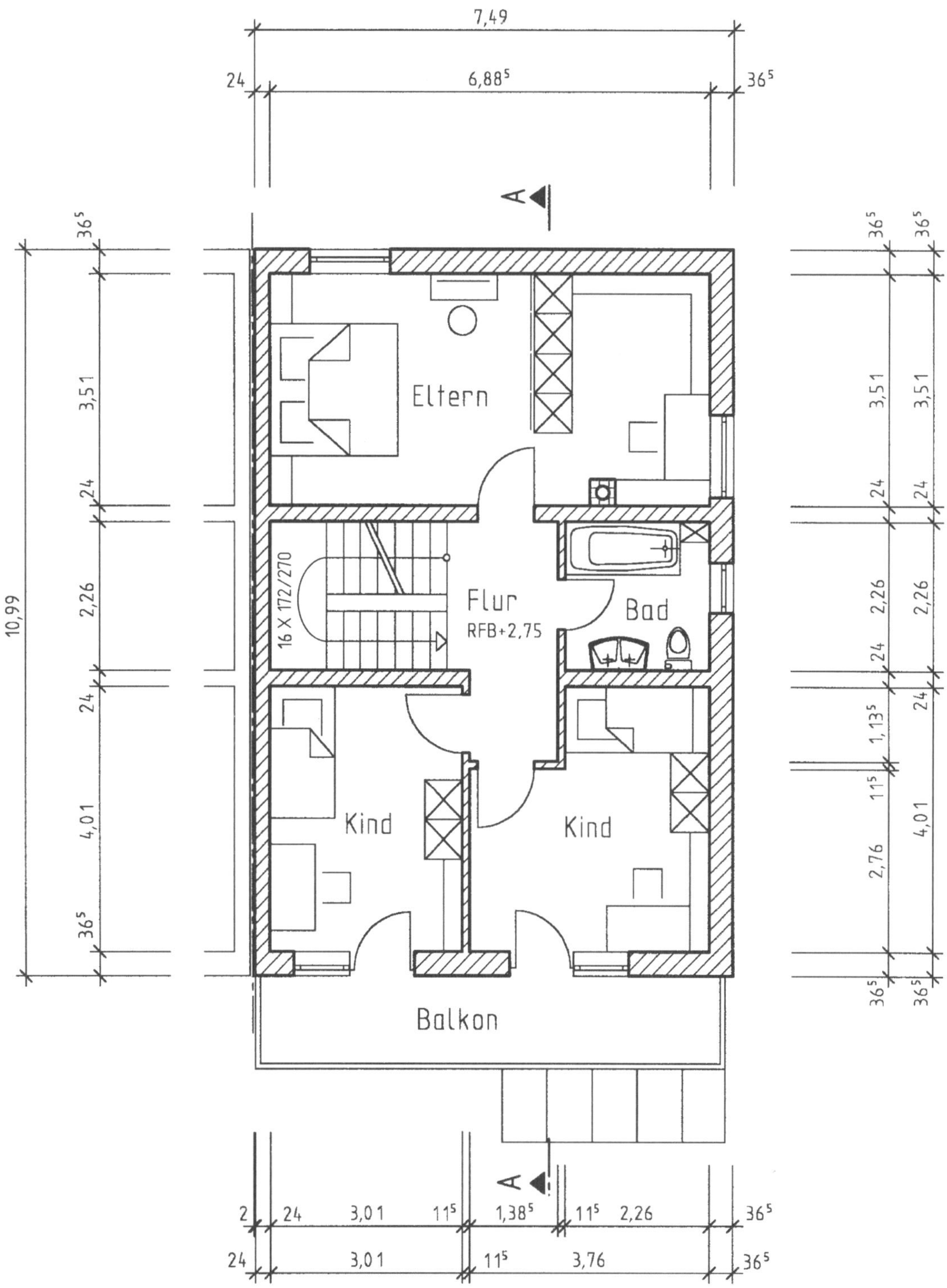

Obergeschoss 1:100

Name:

Klasse:

Datum:

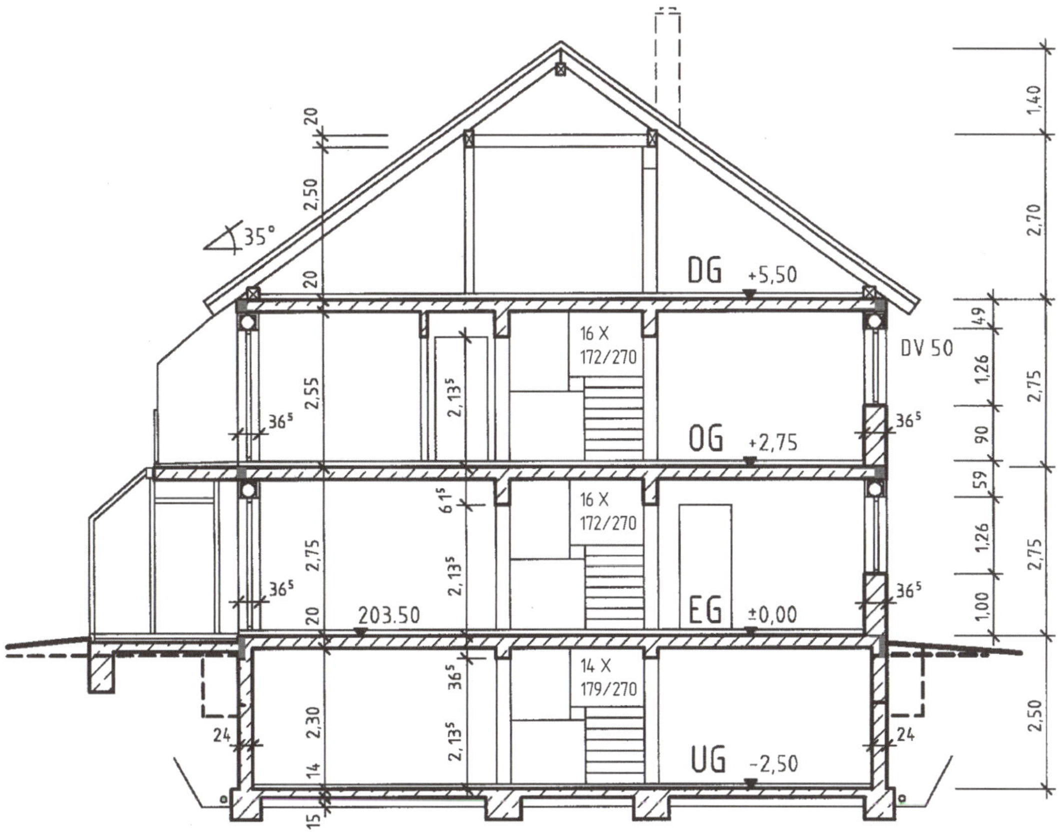

Schnitt A – A 1:125

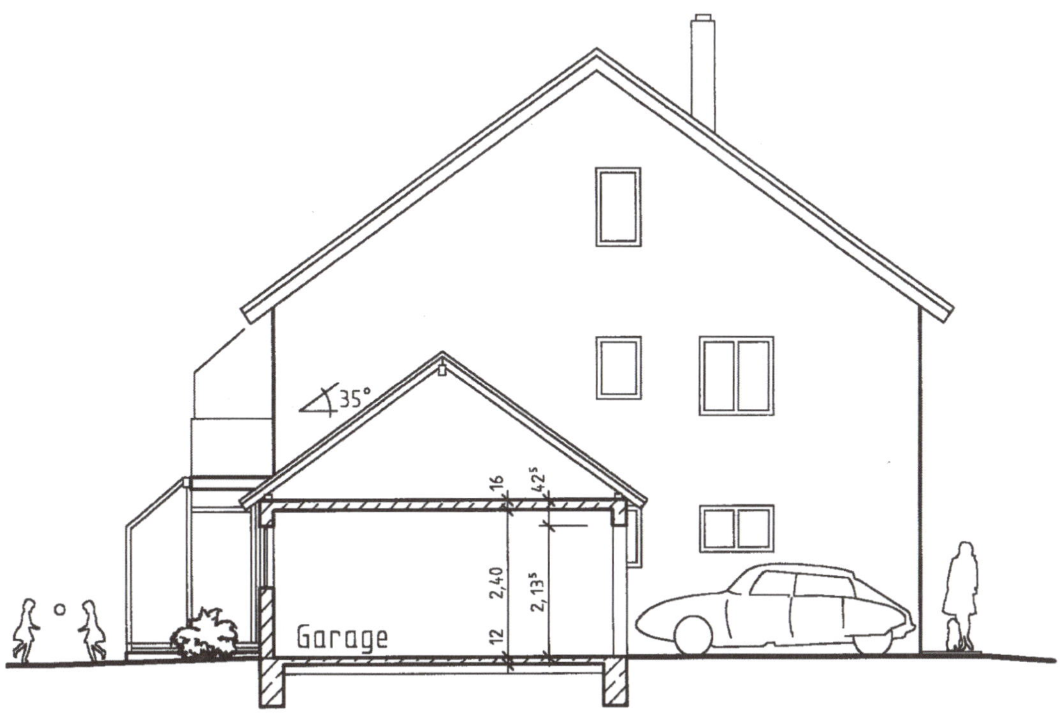

Ansicht von Osten 1:125

Name: ________ Klasse: ________ Datum: ________

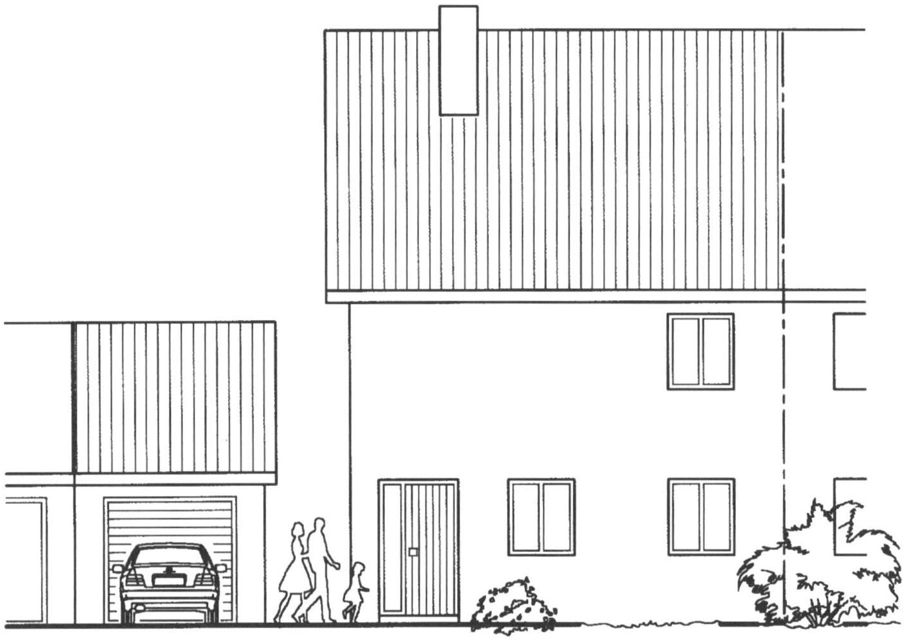

Ansicht von Norden 1:125

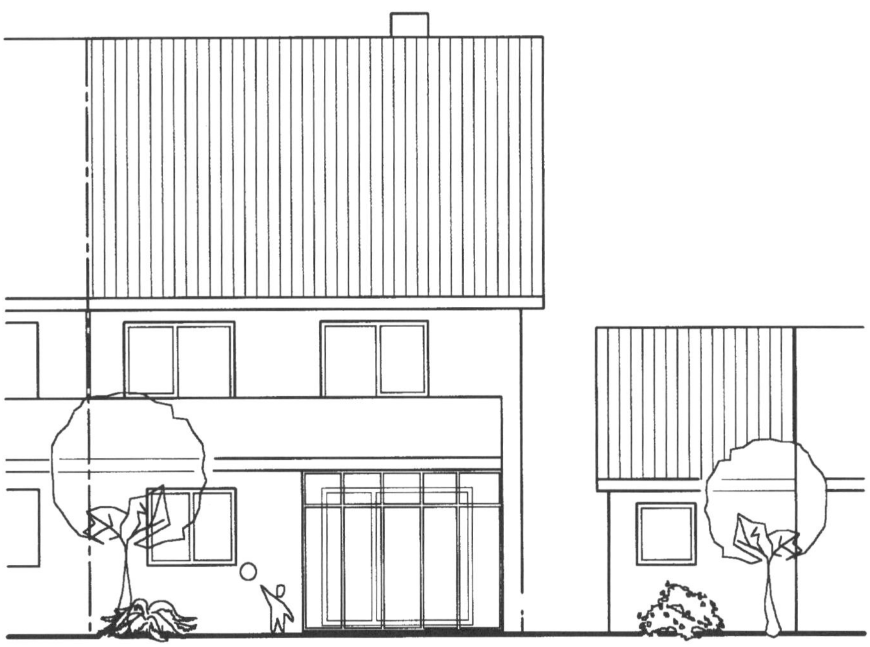

Ansicht von Süden 1:125

Name: | Klasse: | Datum:

1 Einrichten der Baustelle

1. Wer heute ein modernes Haus baut, schaut sich auch gerne Baudenkmäler aus vergangenen Zeiten an. Ordnen Sie die folgenden Bauwerke den Stilepochen Romanik, Gotik, Renaissance, Barock und Klassizismus zu.

2. Nennen Sie jeweils 5 Bauten innerhalb der Bundesrepublik Deutschland.

a) aus der Zeit der **Romanik**:

b) aus der Zeit der **Gotik**:

c) aus der Zeit des **Barock**:

d) aus der Zeit des **Klassizismus**:

Name: Klasse: Datum:

1 Einrichten der Baustelle

Bauberufe
Baustoffe

1. Welche Bauberufe sind am Bau des Reihenhauses (einschließlich Planung) beteiligt?

2. Warum braucht ein Baufacharbeiter Kenntnisse über die Baustoffe?

3. Warum braucht jeder Baufacharbeiter auch Grundkenntnisse in anderen Bauberufen?

Name:

Klasse:

Datum:

1 Einrichten der Baustelle

1. Auf Seite 18 im Fachbuch **Lernfeld Bautechnik / Grundstufe** ist das Grundstück für das Reihenhaus in einem größeren Maßstab dargestellt. Greifen Sie die Strecke $\overline{EA}$ aus der Zeichnung heraus. Rechnen Sie diese Strecke mit dem Dreisatz in das Originalmaß um.

2. Für das Grundstück mussten 282,50 €/m² bezahlt werden. Wie viel € hat das Grundstück gekostet?

3. Die Bauherren können von dem Grundstückspreis 45.000 € sofort aus Rücklagen bezahlen. Wie viel Prozent des Kaufpreises müssen über die Bank finanziert werden?

4. Wie viel Prozent des Grundstückes werden einschließlich Garage und Wintergarten bebaut?

Name:	Klasse:	Datum:

5. Das Grundstück ist gekauft. Welche Vorarbeiten sind bis zur Erteilung der Baugenehmigung nötig? siehe Lernfeld Bautechnik, Grundstufe S. 18 ff.

Architekt:

Statiker:

Vermessungsingenieur:

6. Die Baugenehmigung ist erteilt. Welche Arbeiten sind nun zu machen?

7. Der neue Auszubildende hört während einer Unterhaltung auf der Baustelle das ihm unbekannte Wort *Konventionalstrafe.* Erklären Sie diesen Fachbegriff.

8. Der neue Auszubildende fragt Sie, was ein *Zuschlag* in Verbindung mit einem Angebot ist. Erklären Sie auch diesen Fachbegriff.

9. Welche Aufgabe hat ein Bauzeitenplan?

10. Besorgen Sie bei Ihrer Bauaufsichtsbehörde die Unterlagen für einen Bauantrag. Schreiben Sie stichwortartig auf, welche Angaben zum Bauvorhaben gemacht und welche Unterlagen eingereicht werden müssen.

Name:	Klasse:	Datum:

1 Einrichten der Baustelle

1. Verbinden Sie die Satzteile so miteinander, dass sich für die Baustelleneinrichtung korrekte Aussagen ergeben.

Die Zufahrt zur Baustelle	sollten außerhalb des Schwenkbereichs des Krans liegen.
Das gesamte Bauwerk	wirken sich auf Kosten aus.
Die Unterkünfte	sollte wetterfest und nicht zu steil sein.
Lange Transportwege	sollten möglichst geschlossen angelegt werden.
Die Zufahrt sollte als	muss im Schwenkbereich des Krans liegen.
Gebäude der Baustelleneinrichtung	Durchfahrt oder mit Wendemöglichkeit angelegt werden.

2. Welche Fehler wurden bei der Baustelleneinrichtungsplanung gemacht?

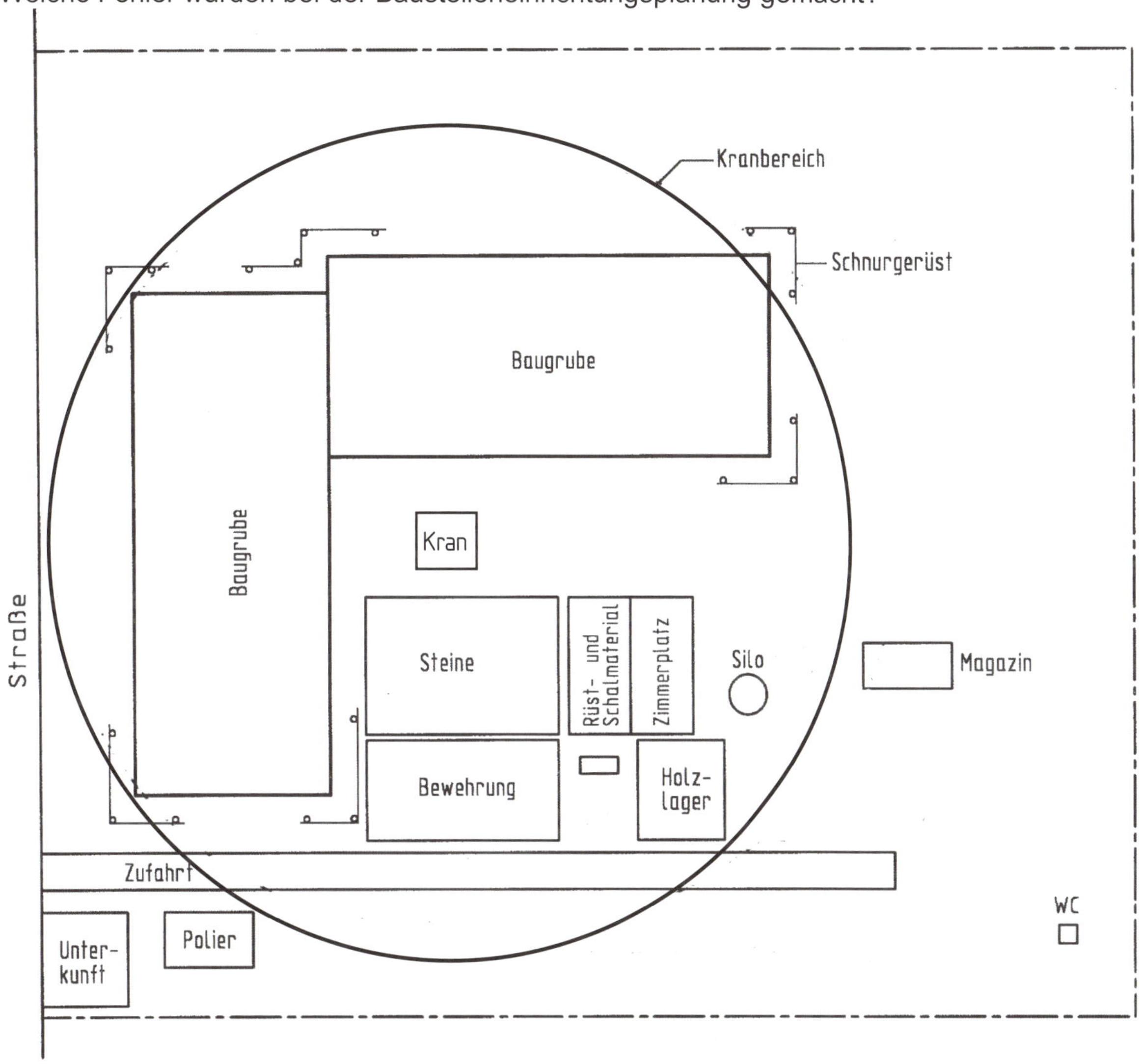

Name: ____________ Klasse: ____________ Datum: ____________

1. Welche Messreferenz muss jeweils zur Messung am Laser-Entfernungsmesser eingestellt werden?

Messreferenz:
Folgende Messreferenzen stehen zur Auswahl:

Messung:

Einstellung:

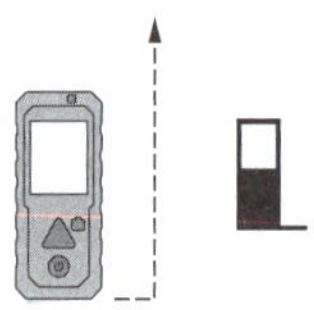

Ausgangspunkt: Rückseite
Die Länge des Geräts ist im Messwert enthalten.

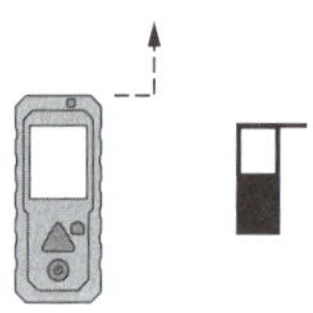

Ausgangspunkt: Vorderseite

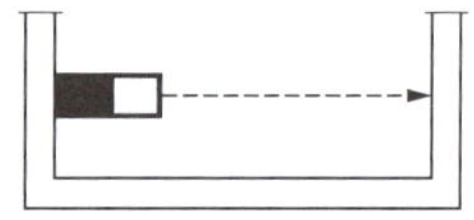

____

____

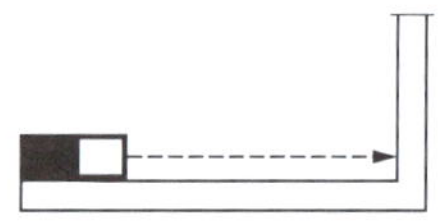

____

2. Skizze einer Längenmessung – hier für die Strecke *s* – mithilfe von Messstangen:

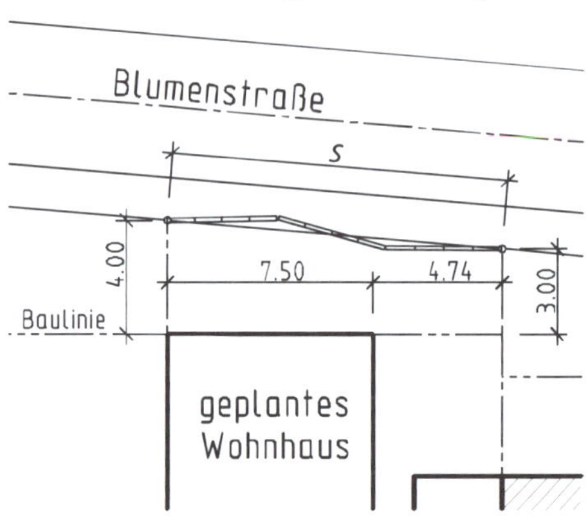

a) Wurden die Messstangen richtig angelegt?

____

____

b) Wird das abgelesene Ergebnis zu groß oder zu klein?

____

c) Welcher Arbeitsschritt wäre vor der Stangenmessung durchzuführen?

____

____

d) Berechnen Sie die Strecke zwischen den Grenzpunkten an der Blumenstraße.

____

____

____

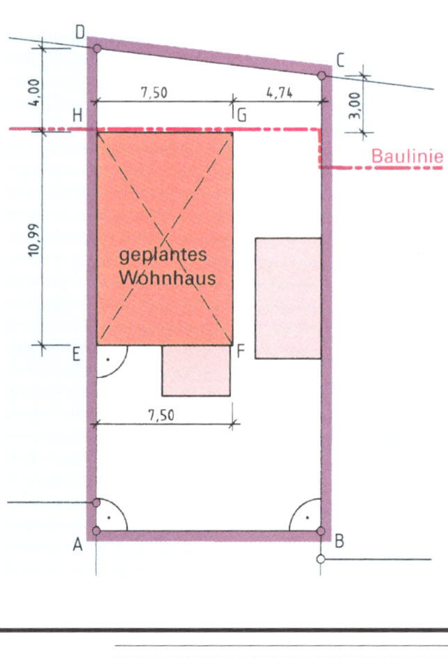

3. Nachdem der Vermesser alle Grenzpunkte und Gebäudeecken mit Pflöcken vermarkt hatte, wird bei der Materiallieferung der Pflock H umgefahren.
Beschreiben Sie schrittweise das Vorgehen zur Wiederherstellung des Punktes H mithilfe des Doppelpentagonprismas.
Mögliche Lösung:

____

____

____

____

____

Name: _______________ Klasse: _______________ Datum: _______________

1 Einrichten der Baustelle

Ohne Handschuhe, verletzt – kein Geld

● An einer leeren Tonne zerschnitt sich ein Arbeiter die Hände – er hatte die Schutzhandschuhe nicht übergestreift. Das Arbeitsgericht entschied: **„Keine Lohnfortzahlung, da er die vorgeschriebene und zur Verfügung gestellte Schutzkleidung nicht trug."**
Az.: 4 Ca 1123/80

1. Zu den allgemeinen Gesundheitsgefahren und Unfallquellen kommen durch den Beruf besondere Gefahren. Nennen Sie Ursachen für Unfälle.

____

____

____

____

____

Versicherungen sind nicht dafür da, Gleichgültigkeit zu unterstützen. Die Versicherungsunternehmen müssen nicht bezahlen, wenn

____

2. Geben Sie die Bedeutung der Sicherheitsfarben an.

rot ______________________________

gelb ______________________________

grün ______________________________

blau ______________________________

3. Neben den Sicherheitsfarben spielt auch die Form der Sicherheitszeichen eine Rolle. Für welche Zeichen werden die folgenden geometrischen Formen verwendet?

____

____

____

4. Die folgende Abbildung lädt erst einmal zum Schmunzeln ein, ist aber eine Situation, wie sie leider vorkommen kann – mit unter Umständen schwersten Folgen für die Beteiligten.
   a) Wer macht den größten Fehler und löst eine Kettenreaktion aus?
   b) Wer profitiert von der Situation?
   c) Welche Fehler wurden noch gemacht?

a) ______________________________

b) ______________________________

c) ______________________________

____

____

____

____

Name: ______________ Klasse: ______________ Datum: ______________

5. Was haben diese Bauarbeiter jeweils falsch gemacht, dass ihnen diese Missgeschicke, die böse Unfallfolgen haben können, passieren?

6. Leider lässt es sich nicht ganz vermeiden, dass Unfälle passieren. Es muss nicht immer Achtlosigkeit sein, oft führt auch menschliches Versagen dazu. Stellen Sie Grundsätze für das Verhalten bei Unfällen auf.

7. Was ist bei Unfällen mit elektrischem Strom (Netzspannung) zu tun?

8. Auf der Baustelle werden immer mehr Maschinen eingesetzt. Das erhöht natürlich auch die Gefahr, dass mal ein Körperteil abgetrennt wird. Dank der heutigen Medizin können Ärzte die abgetrennten Körperteile meist wieder annähen. Voraussetzung hierfür ist allerdings ein umsichtiges Verhalten im Unglücksfall. Wie können Sie mithelfen, dass die Operation erfolgreich wird?

Name:	Klasse:	Datum:

2 Erschließen und Gründen des Bauwerks

1. Benennen Sie die nachfolgenden, durch ein Symbol oder ein Kurzzeichen dargestellten Böden.

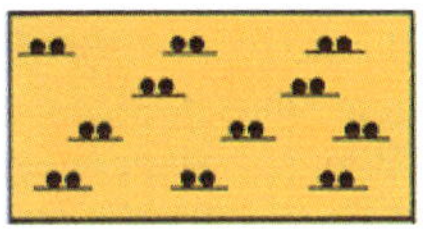

Gr

Sa

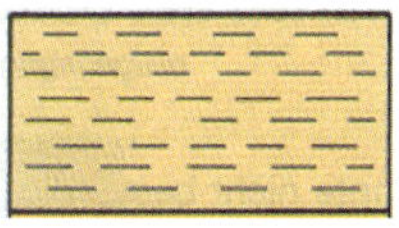

Co

2. Böden treten in den meisten Fällen in Mischform (Gemenge) auf. Aus welchen einzelnen Böden bestehen

   Kiessand ______

   Lehm ______

3. Eine Bodenprobe aus den oberen Bodenschichten des Reihenhausgrundstücks fühlt sich mehlig an und lässt sich trocken leicht von den Fingern entfernen.

   Um welchen Boden handelt es sich? ______

   Welcher Bodengruppe ist dieser Boden zuzuordnen? ______

4. Unterhalb der Fundamente des geplanten Reihenhauses wird in geringer Tiefe bindiger Boden mit hohem Wassergehalt angetroffen. Welche Maßnahmen schlagen Sie vor? Begründen Sie Ihren Vorschlag.

5. Im Leistungsverzeichnis taucht der Begriff Homogenbereich auf.
   a) Erklären Sie diesen Begriff.

   b) Erläutern Sie, weshalb die Angabe des Homogenbereichs für den Bauunternehmer von großer Bedeutung ist.

6. Wie ist mit dem Oberboden zu verfahren?

Name: ______ Klasse: ______ Datum: ______

1. a) Welche Fehler wurden beim Verfüllen des dargestellten Arbeitsraumes gemacht?

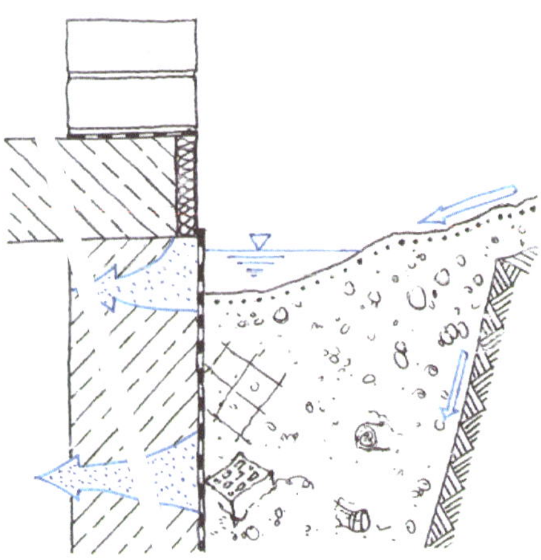

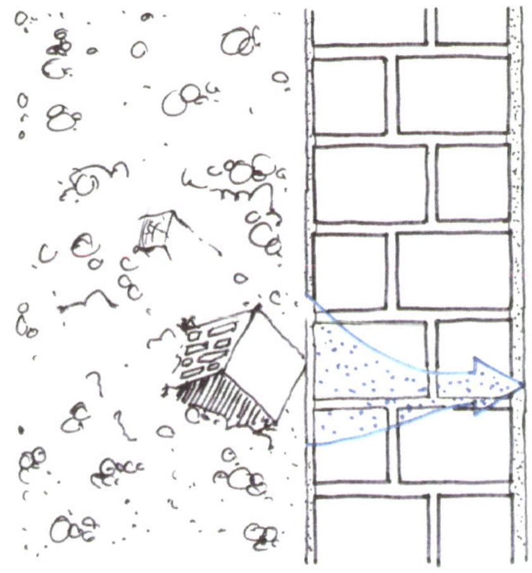

b) Welche Folgen kann diese Art der Schuttentsorgung für das Gebäude haben?

2. Werten Sie das Nivellement aus. Gesucht ist die Höhe des Pflocks.

Lattenablesung		Höhe		Bemerkung
rückwärts	vorwärts	der Visur	des Punktes	
			235,786	HB
1,487				
	1,782			
1,693				
	2,109			
2,130				
	2,367			Pflock

3. Welche Höhe H_2 hat die höhere Fläche auf der rechten Seite des Rotationslasers?

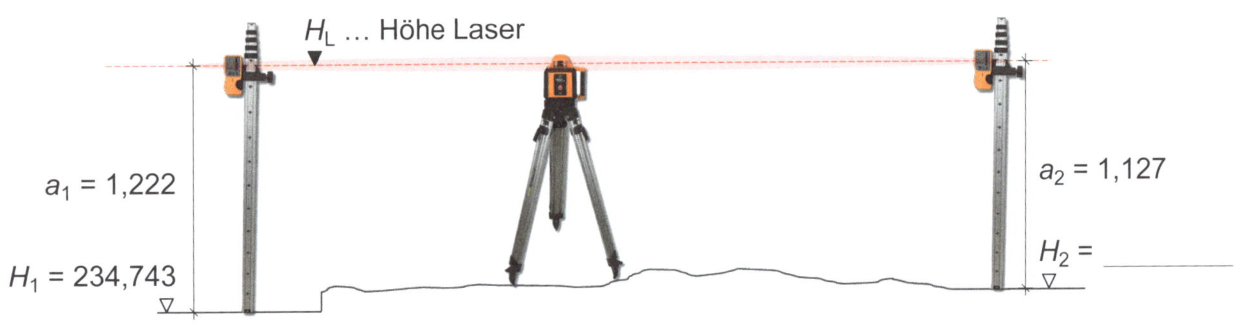

Berechnung:

Name: Klasse: Datum:

2 Erschließen und Gründen des Bauwerks

Die Bauherren unseres Reihenhauses überlegen, ob sie auf der Rückseite der Garage das Dach weit überstehen lassen sollen, um Holz für einen offenen Kamin darunter zu lagern oder als Unterstand für die Gartenmöbel an Schlechtwettertagen. Die zusätzlichen Lasten aus dieser Dachverlängerung sollen über zwei Holzstützen in den Baugrund abgeleitet werden. Für die Berechnung des Fundamentes unter der Holzstütze gehen Sie von einem tragfähigen und standfesten Boden mit einem aufnehmbaren Sohldruck von σ = 300 kN/m² aus.

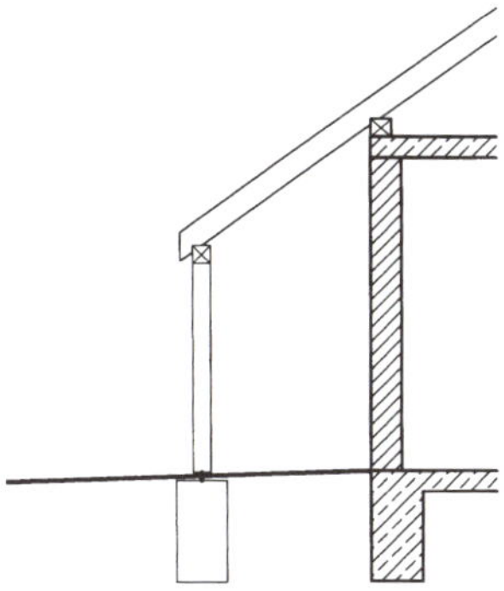

1. Wählen Sie für die Gründung dieser Baumaßnahme eine geeignete Fundamentart.

2. Ermitteln Sie die Mindestabmessungen für das Fundament. Stützenfußquerschnitt 14/14 cm, mittige Kraftableitung in das Fundament mit F = 15 kN.

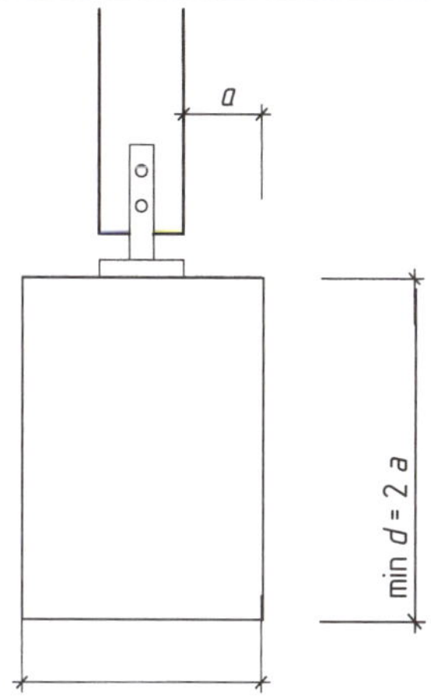

Skizze Stützenfuß/Fundament

3. Überprüfen Sie den vorhandenen Sohldruck nach Ermittlung der Fundamentabmessungen. Rohdichte ϱ siehe Tabellenanhang Fachbuch bzw. Tabellenbuch.

4. Beschreiben Sie stichwortartig die Herstellung des Fundamentes.

Name:

Klasse:

Datum:

1. Berechnen Sie die fehlenden Werte für die Höhe der Kanalsohle und das Gefälle, und tragen Sie diese in die Tabelle ein.

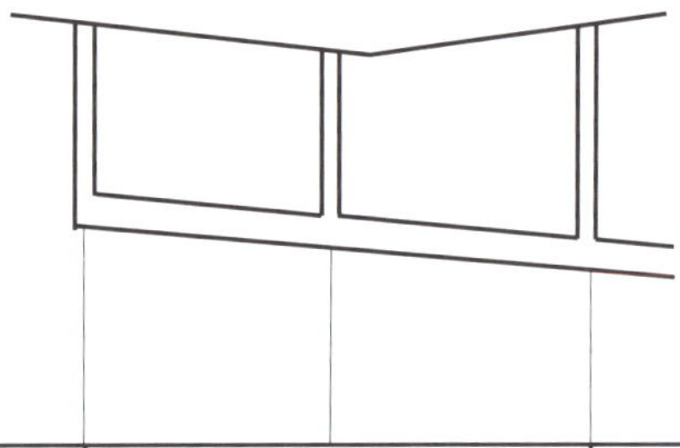

Berechnung:

Straße	Blumenstraße				
Schacht-Nr.	16		16a		17
Abstand		42 m		39 m	
Gefälle		1,5 %			
KD	202,80		201,74		202,05
KS	199,92				198,78

2. Die Grundleitungen wurden verlegt und Sie sollen die Bodenplatte betonieren.
   a) Warum dürfen Sie noch nicht mit der Arbeit beginnen?
   b) Welche Fehler wurden bei den Grundleitungen gemacht?

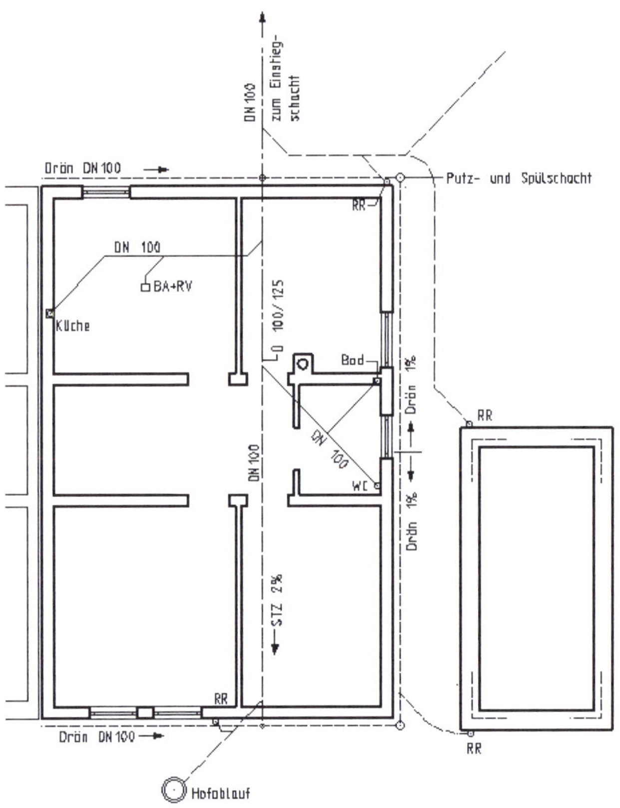

Einfarbige Darstellung der Leitungsarten:

a)

b)

Name:

Klasse:

Datum:

1. Verkehrsflächen aus Pflaster- oder Plattenbelägen.
   a) Welcher Bereich wird als Untergrund bezeichnet?

   b) Was ist ein Planum?

   c) Woraus besteht der Oberbau?

2. Welche Eigenschaften muss ein Betonpflaster haben?

3. In der Blumenstraße müssen neue Hochbordsteine versetzt werden. Berechnen Sie den Betonbedarf der Bettung für eine Länge von 12,00 m in m³.

   Hinweis: Berechnen Sie die Querschnittsfläche auf 3 Dezimalstellen, damit die Ungenauigkeit durch Runden nicht zu groß wird.

   Lösung mit Skizze der Flächenaufteilung

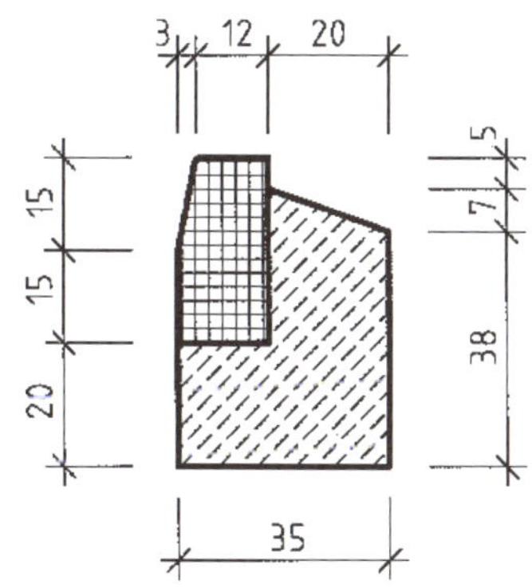

4. Berechnen Sie den Betonbedarf für die Bettung der Hochbordsteine auf eine Länge von 12,00 m.

   Hinweis: Berechnen Sie die Querschnittsfläche auf 3 Dezimalstellen, damit die Ungenauigkeit durch Runden nicht zu groß wird.

   Lösung mit Skizze der Flächenaufteilung:

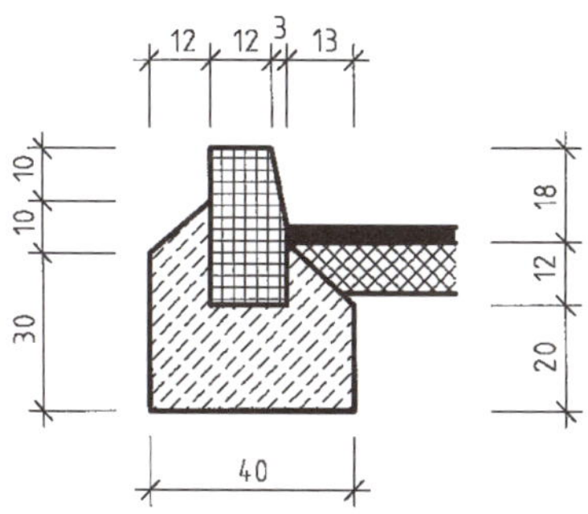

Name: Klasse: Datum:

5. Eine Terrasse ist zu pflastern. Leider ist die Reihenfolge der Abbildungen durcheinander geraten. Nummerieren Sie die Arbeitsschritte in der richtigen Reihenfolge.

Arbeitsschritt
- Nach dem Abziehen das Pflasterbett nicht mehr betreten.
- Pflastersteine „über Kopf" einbauen (von der bestehenden Pflasterfläche aus).
- Mit einer Fuge von 3 ... 5 mm einbauen.
- Mit dem Verlegen die Fläche kontinuierlich verfugen.
- Nicht verfugte Fläche nicht begehen oder befahren.

Arbeitsschritt
- Bettungs- und Ausgleichsschicht aus Brechsand-Splittgemisch, Korngröße 0/5 mm (Sickerpflaster 1/3 mm) einbringen und mittels Rohren oder Latten glatt abziehen.
- Bettungsschicht wird erst mit dem verlegten Pflaster zusammen abgerüttelt.

Arbeitsschritt
- Für eine homogene Farbverteilung Steine aus mehreren Paketen und unterschiedlichen Lagen entnehmen. Dies gilt besonders bei farblich abgestimmten Pflastern.

Arbeitsschritt
- Trag- und Frostschutzschicht aus frostsicherem, kornabgestuftem Material (z.B. Kies oder Schotter 0/32 oder 0/45) lagenweise einbringen und lagenweise verdichten.
- Planum und Tragschicht mit Mindestgefälle von 2 ... 2,5% anlegen.
- Randsteine vor Verlegung des Pflasters setzen.
- Abstand der Randsteine wenn möglich auf das Rastermaß (= Stein + Fuge) des Pflasters abstimmen, um Zuschnitt zu vermeiden.

Arbeitsschritt
- Die Fugen mit trockenem, gewaschenem Brechsand 0/2 mm (Sickerpflaster) oder Splitt 1/3 vollständig schließen.

Arbeitsschritt
- Die saubere, trockene und verfugte Fläche mit einem Rüttler mit Plattengleitvorrichtung abrütteln. Abschließend noch einmal nachverfugen.

Arbeitsschritt
- Nicht geeignete oder nicht frostsichere Bodenschichten (z.B. Lehm, Mutterboden) eben abgraben, bis geeigneter Boden erreicht wird (Planum).
- Planum sollte mindestens 30 ... 35 cm unter der Pflasteroberkante liegen.
- Auf ein Gefälle von 2 ... 2,5% achten.
- Anstehendes Planum mit Rüttelplatte verdichten.

6. Geben Sie in Stichworten die Reihenfolge der Arbeitsschritte beim Verlegen von Betonformsteinen (breite Fuge) an.

____

____

Name:	Klasse:	Datum:

Planung	# 3 Mauern eines einschaligen Baukörpers

1. Familie Müller möchte gerne ein Haus bauen. Da sie noch gar keine Vorstellungen von ihrem neuen Heim hat, sollen Sie der Familie verschiedene Möglichkeiten mit den dazugehörigen Varianten, Vor- (+) und Nachteilen (-) aufzeigen. Ein Grundstück ist noch nicht vorhanden.

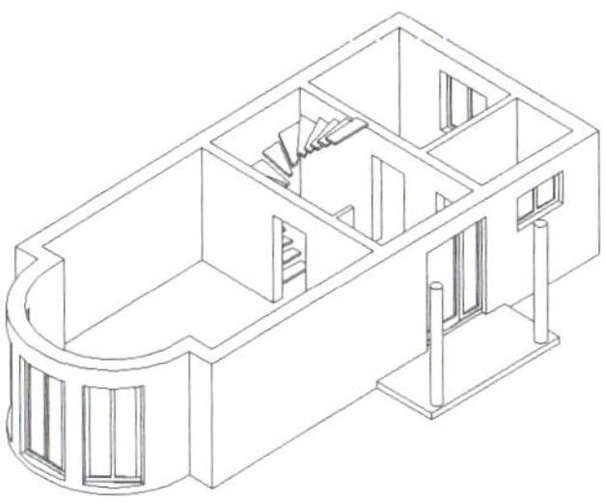

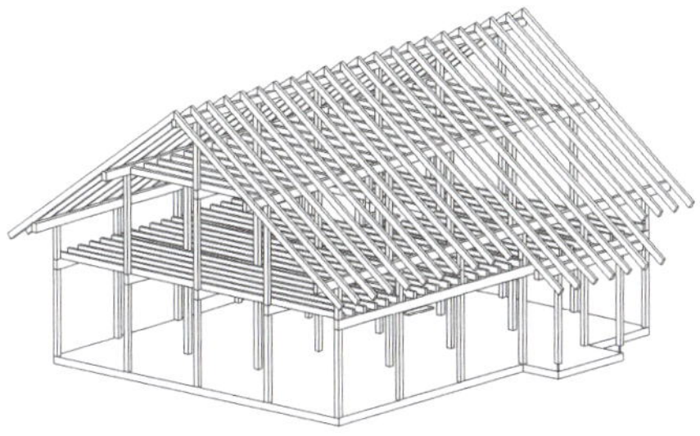

2. Welche Fachgebiete der Bautechnik müssen bei der Planung des Gebäudes berücksichtigt werden?

Name:	Klasse:	Datum:

3 Mauern eines einschaligen Baukörpers

Wandarten
künstl. Mauersteine

1. Wände können nach unterschiedlichen Kriterien unterteilt werden. Ordnen Sie die verschiedenen Wandarten zu:

Wände

nach der Statik

nach der Lage im Haus

nach besonderen Aufgaben

2. Welche Wände müssen als Brandwände ausgebildet werden?

3. Welche Aufgaben müssen gemauerte Außenwände übernehmen?

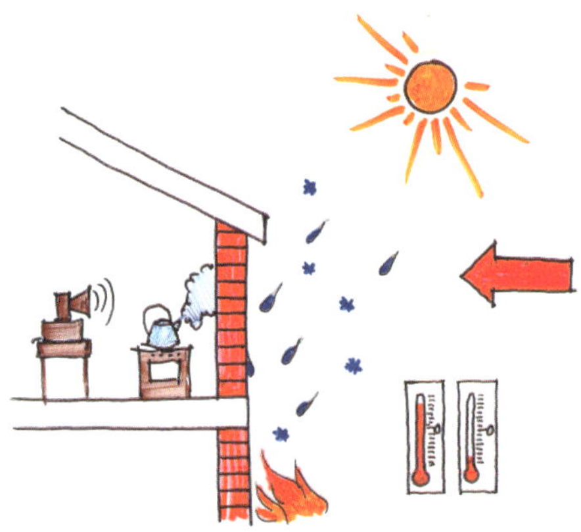

4. Welche Eigenschaften müssen gemauerte Außenwände aufweisen? Informieren Sie sich im Fachbuch **Lernfeld Bautechnik / Grundstufe** (auch bei den ergänzenden Informationen).

5. Stellen Sie auf einem separaten Blatt (A4-Querformat) eine Übersicht über künstliche Mauersteine nach folgendem Schema auf:

Gebrannte Steine

	Arten (Kurzbez.)	Herstellung	Eigenschaften (in Stichworten)	Verwendung

Ungebrannte Steine

Name: Klasse: Datum:

Mauermörtel

3 Mauern eines einschaligen Baukörpers

1. Für die nachfolgenden Sätze ist jeweils ein Lösungswort zu suchen. Die Buchstaben in dem dick umrandeten Feld ergeben einen Begriff, dessen Bedeutung zu erklären ist.

   1. Wird zum Anmachen des Mörtels benötigt.
   2. Ausgangsstoff beim Kreislauf des Luftkalkes.
   3. Wird zur Verbindung besonders wärmedämmender Steine gewählt.
   4. Ohne dieses Mittel ist kein Zusammenhalt möglich.
   5. Nichthydraulisches Bindemittel der MG I.
   6. Tritt beim Anmachen trockener Mörtelbestandteile mit Wasser auf.
   7. Gesteinskörnung für Mörtel.
   8. Bei Mörtelspritzarbeiten unbedingt zu tragen.
   9. Ist bei feuchtem Sand größer als bei trockenem Sand.

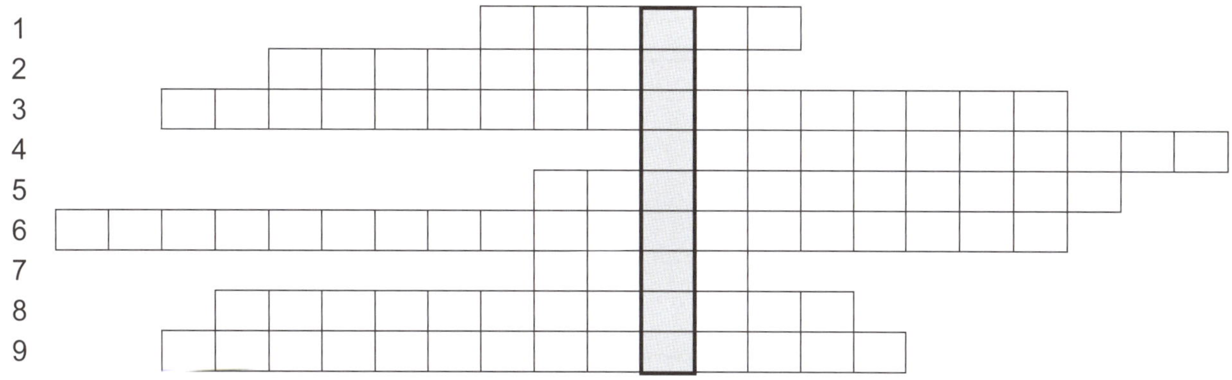

Lösungswort: ______________________

Bedeutung: ______________________

____

2. Die Wände unserer Garage (siehe auch LF Bautechnik Grundstufe Seite 4 und 6) sollen mit Mauerziegeln HLz – 2DF gemauert werden. Der Mörtel soll auf der Baustelle hergestellt werden, deshalb müssen die Einzelmengen der Mörtelbestandteile ermittelt werden. Die Bindemittel werden in Säcken auf die Baustelle geliefert.

   a) Wählen Sie eine geeignete Mörtelklasse/Mörtelgruppe für den Mauermörtel und nennen Sie die einzelnen Mörtelbestandteile.

   ____

   ____

   b) Berechnen Sie den Mörtelbedarf für alle Wandflächen (mit Skizzen). Höhe des Giebeldreiecks: 2,19 m. Fenster nicht abziehen, da < 2,50 m². Trockener Sand.

   Die einzelnen Schritte für die Berechnung (auf Seite 24 ausführen):

   ____

   ____

   ____

   ____

   ____

   ____

   ____

Name:	Klasse:	Datum:

Lösung zu Seite 23:

Skizzen

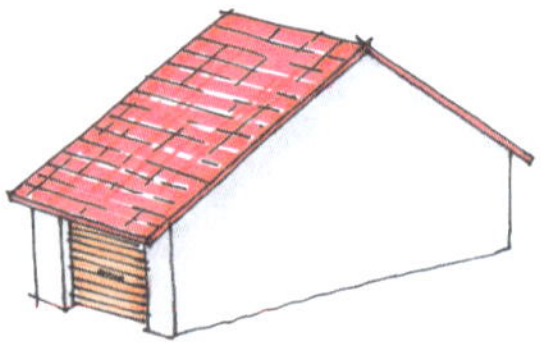

Berechnung der Wandflächen:

Berechnung des Mörtelbedarfs:

zu bestellen:

Name: Klasse: Datum:

3 Mauern eines einschaligen Baukörpers

1. Markieren Sie in dem Grundrissausschnitt die Außen-/Pfeilermaße in Gelb, die Innen-/Öffnungsmaße in Rot und die Anbau-/Vorlagenmaße in Blau (Farben weichen im Löser druckbedingt ab).

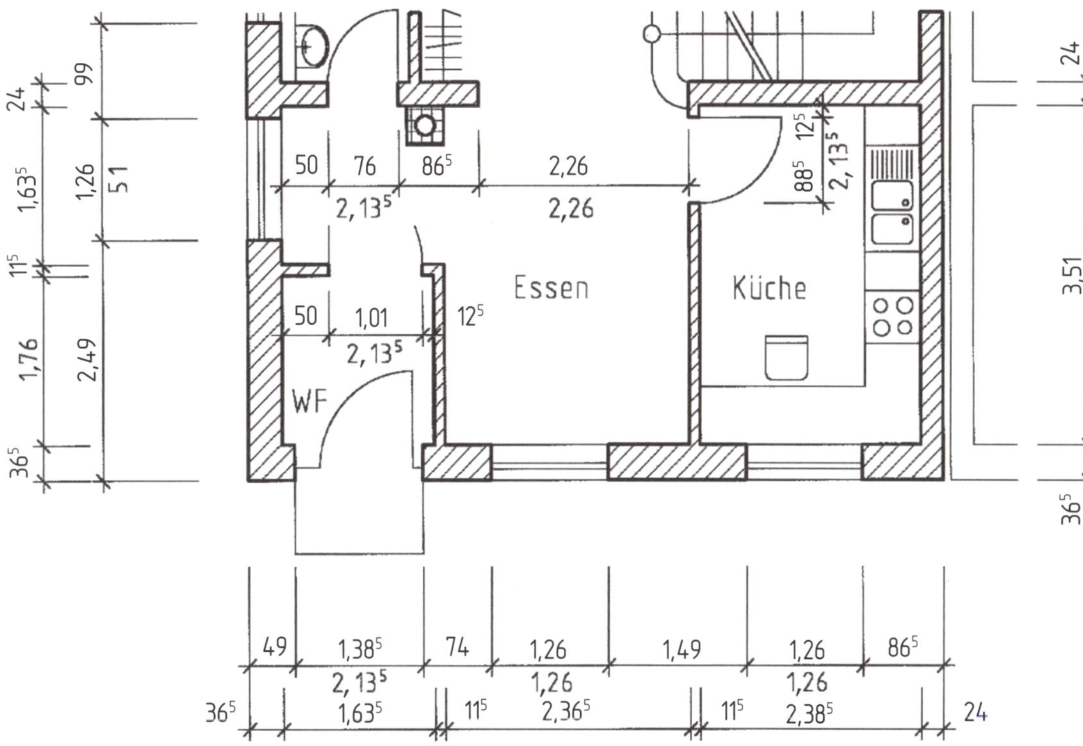

2. Tragen Sie in den Grundrissausschnitt die entsprechenden Baurichtmaße als *am*-Angaben auf die Maßlinien ein.

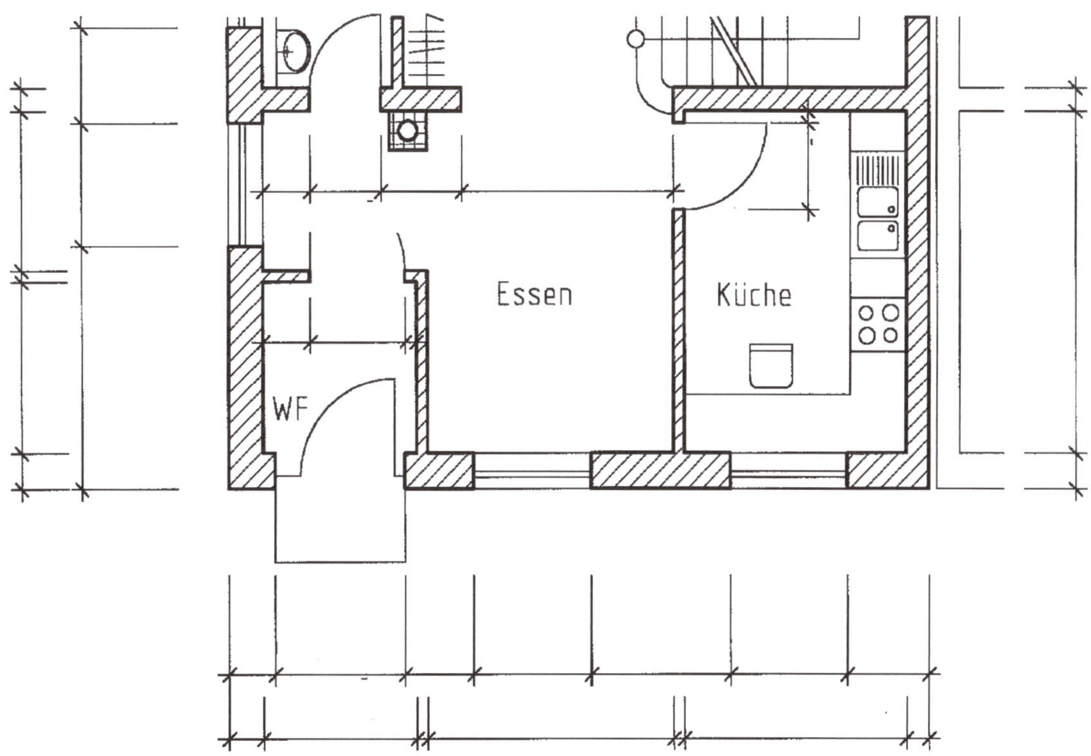

Name: ____________ Klasse: ____________ Datum: ____________

3 Mauern eines einschaligen Baukörpers

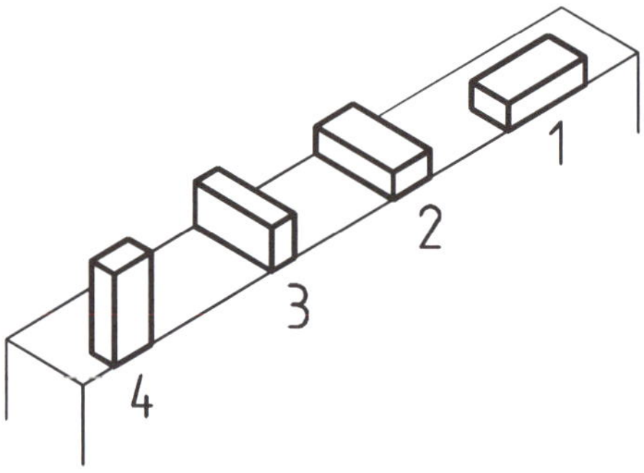

1. Geben Sie die Bezeichnungen an, die in Mauerverbänden für die unterschiedlichen Steinlagen etc. benutzt werden.

1 ______________________________

2 ______________________________

3 ______________________________

4 ______________________________

2. Besonders einfach kann mit großformatigen Porenbetonsteinen gemauert werden. So können Bauherren ihr Bauvorhaben sogar im Selbstbau durchführen.

   a) Geben Sie drei Vorteile von Porenbetonsteinen an. Beachten Sie dazu auch die nebenstehenden Fotos

   ____

   ____

   ____

   ____

   ____

   ____

   ____

   ____

   ____

   ____

   ____

   b) Wovor sollten Sie Porenbetonsteine auf der Baustelle schützen?

   ____

   ____

   c) Welche Informationen können Sie dem Etikett auf der Verpackung entnehmen?

   ____

   ____

   ____

   ____

   ____

   ____

   ____

   ____

Name: ______________________ Klasse: ______________ Datum: ______________

3 Mauern eines einschaligen Baukörpers

1. Die unten stehende Zeichnung zeigt das Teilstück einer Kelleraußenwand mit Fundament und Kellerfußboden im Querschnitt.
   a) Beschriften Sie die nummerierten Bauteile/Baustoffe.
   b) Benennen Sie mögliche Materialien für Außenwand, Fundament und Bodenplatte, und tragen Sie ein entsprechendes Ergebnis als Schraffur in die Skizze ein.

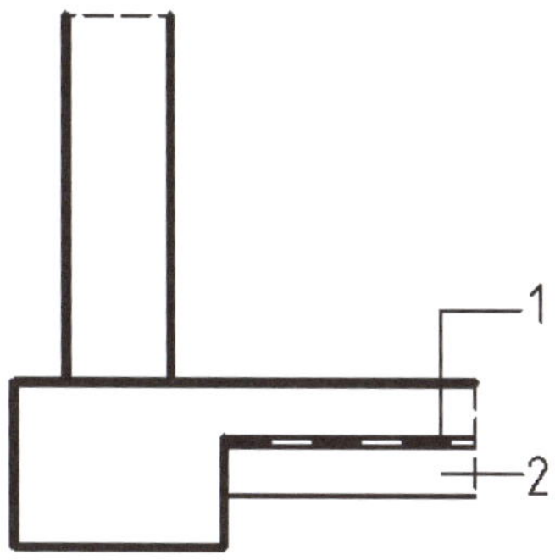

Außenwand:

Streifenfundament:

Bodenplatte:

   c) Welche Funktion erfüllt die mit 1 gekennzeichnete Schicht?

   d) Erläutern Sie die möglichen Folgen, wenn für die mit 2 gekennzeichnete Schicht bindiges Material verwendet wird.

2. In welchen Bereichen müssen bei gemauerten Kelleraußenwänden waagerechte Abdichtungen eingebaut werden?

3. Was geschieht mit dem in den Boden versickernden Oberflächenwasser entlang der Kelleraußenwände, wenn unterhalb des Fundamentes ein extrem bindiger Boden vorhanden ist?

Name: Klasse: Datum:

3 Mauern eines einschaligen Baukörpers

„Ich möchte gerne..." *„Aber ich brauche..."*

Die Bauherren des Reihenhauses haben bezüglich des geplanten Schlafzimmers unterschiedliche Meinungen. Sie möchte sich gerne mal mit einem Buch ins Schlafzimmer zurückziehen, er möchte während des Arbeitens auch einmal Besuch empfangen, um gemeinsam ein Problem zu lösen. Aber Besuch im Schlafzimmer? Das Schlafzimmer ist groß genug, um daraus zwei abgeschlossene Zimmer zu machen. Machen Sie einen Vorschlag in der unten abgebildeten Zeichnung als Freihandskizze mit einem weichen Bleistift. Innerhalb der Klasse sollten unterschiedliche Vorschläge gemacht werden.

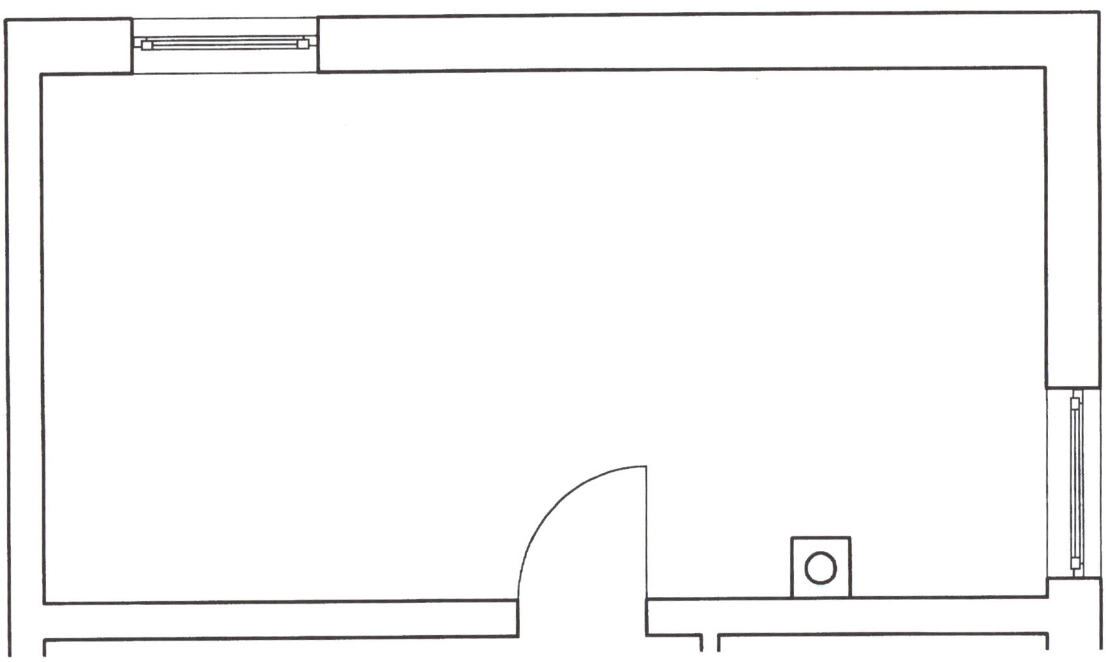

Zeichnen Sie Ihren Vorschlag als Teil-Arbeitsplan im Maßstab 1:50 mit allen erforderlichen Maßen auf ein A4-Blatt. Schraffieren Sie die Wände (Mauerwerk aus künstlichen Steinen). Achten Sie auf unterschiedliche Strichstärken!

Es ist nicht üblich, in einen Arbeitsplan die normale Einrichtung einzuzeichnen. Damit sich die Bauherren aber genau vorstellen können, was in die Zimmer passt, zeichnen Sie die vorgesehene Möblierung mit ein.
Messen Sie in der Schule und zu Hause die notwendigen Möbel nach, damit Sie sie zeichnen können. Tragen Sie die Maße unten ein (in m bzw. cm).

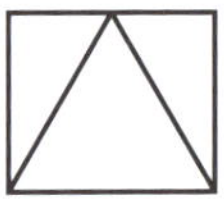

b =
l =

Doppelbett

b =
t =

Schrank

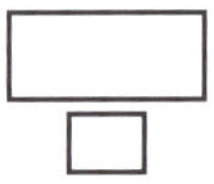

b =
t =

Schreibtisch

b =
t =

Regal

Name: ____________ Klasse: ____________ Datum: ____________

4 Herstellen eines Stahlbetonbauteils

1. Vor Ihnen steht ein grüner Zementsack mit schwarzer Aufdruckfarbe, auf dem unter anderem zu lesen ist: ... *CEM III/A… – SR*

   a) Ergänzen Sie die Sackaufschrift mit Angaben
      – zur Zementart
      – zur Norm
      – zur Festigkeitsklasse
      – zur Masse des Zementsackes

   b) Kreuzen Sie die richtige Antwort an und begründen Sie kurz:
      ☐ Es handelt sich um einen Zement mit hoher Anfangsfestigkeit
      ☐ Es handelt sich um einen Zement mit üblicher Anfangsfestigkeit

      ____
      ____
      ____

   c) Erläutern Sie die Zusatzbezeichnung *SR*.

      ____

2. Zählen Sie die Hauptbestandteile des Zements auf, und beschreiben Sie deren Herstellung bzw. Gewinnung.

   Hauptbestandteile: ______________________________

   Herstellung: ______________________________
   ____
   ____
   ____

   Gewinnung: ______________________________
   ____

3. Nach dem Betonieren des Kellers fragt ein Nachbar, ob „der Zement schon trocken sei". Erklären Sie, warum diese Frage falsch gestellt ist.

   ____
   ____

4. Der *w/z*-Wert hat einen entscheidenden Einfluss auf die Qualität des herzustellenden Betons.

   a) Wofür steht die Abkürzung *w/z*-Wert?

      ____

   b) Erläutern Sie den Zusammenhang zwischen der Festigkeit und dem *w/z*-Wert eines Betons.

      ____
      ____

   c) Berechnen Sie die erforderliche Menge an Wasser (Mittelwert in Liter), die zugegeben werden muss, um für 30 Säcke unseres Zements einen geeigneten *w/z*-Wert zwischen 0,4 und 0,6 zu erhalten (Annahme: Eigenfeuchte der Gesteinskörnung kann vernachlässigt werden).

      ____
      ____
      ____
      ____

Name: ____________	Klasse: ____________	Datum: ____________

1. An unserem Reihenhaus soll der Beton für kleinere, beiläufig anfallende Betonierarbeiten nicht fertig angeliefert, sondern auf der Baustelle gemischt werden. Hierfür soll ein kleines Materiallager für Gesteinskörnungen eingerichtet werden: Gesteinskörnungen für Normalbeton und natürliche, ungebrochene Gesteinskörnungen.

   Nennen Sie alle infrage kommenden Gesteinskörnungen.

2. Weshalb soll die Zementleimmenge, die die Gesteinskörner zusammenhält, so gering wie möglich sein?

3. Die beiden unten abgebildeten Kornformen besitzen das gleiche Volumen, sind also *gleich groß*, jedoch nicht in gleichem Maße als Gesteinskörnung geeignet.

   Kugelförmig

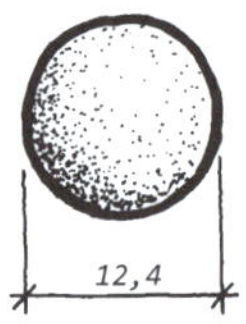

   quaderförmig
   (plattenförmig)

   (alle Maße in mm)

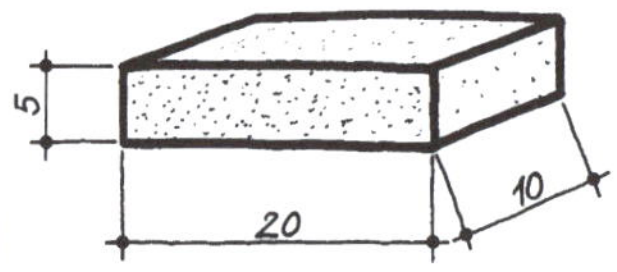

   Entscheiden Sie sich für eine der beiden Formen von Gesteinskörnungen und begründen Sie Ihre Wahl. Führen Sie einen rechnerischen Nachweis durch ($O_{Kugel} = \pi \cdot d^2$).

   Nachweis:

4. Eine Gesteinskörnung aus wenigen großen Körnern benötigt weniger Zementleim als mehrere kleine Körnungen, die zusammen das gleiche Volumen besitzen wie das große Korn.

   a) Berechnen Sie V und O.

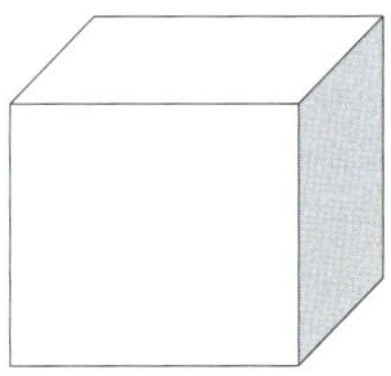

Kantenlängen 15 cm

$V =$

$O =$

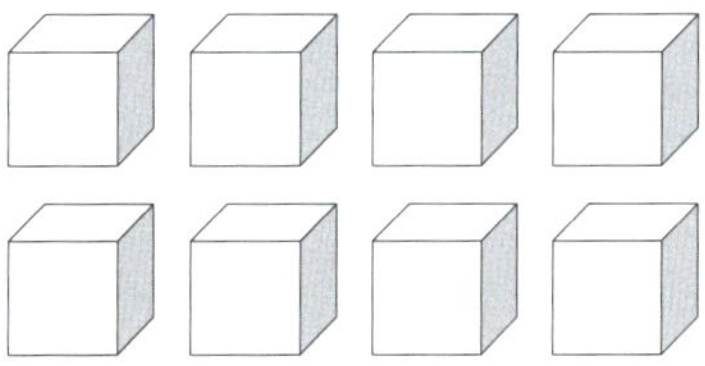

Kantenlängen 7,5 cm

$V_{ges} =$

$V_{ges} =$

$O_{ges} =$

$O_{ges} =$

Name:

Klasse:

Datum:

4. b) Begründen Sie, weshalb trotz geringerer Oberfläche nicht nur großkörnige Korngemische mit etwa gleich großen Durchmessern verwendet werden sollen.

c) Wie sollte unter Berücksichtigung der Ergebnisse von a) die ideale Kornzusammensetzung aussehen?

5. Nennen Sie drei Gründe, weshalb zu große Körnungen des Korngemisches für Beton nicht mehr verwendet werden dürfen.

6. Für die UG-Wände des Reihenhauses wurde ein Gesteinskörnungsgemisch (m = 5,0 kg) angeliefert. Im Rahmen der Eigenüberwachung wurde die Kornzusammensetzung mit dem genormten Siebsatz (siehe Abbildung) überprüft. Die Ergebnisse der Einzelwiegungen der Siebrückstände sind hinter den entsprechenden Siebdurchmessern angegeben. Nach der Auswertung der Probe wurde die Qualität des Materials bemängelt.
Entscheiden Sie, ob die Vorbehalte gegen das angelieferte Material berechtigt sind, indem Sie

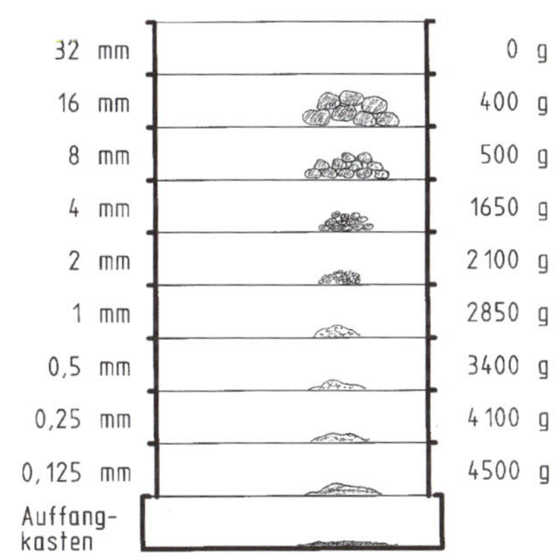

a) den Sieblinienduchgang bestimmen,

b) die sich ergebende Sieblinie mit der Regelsieblinie vergleichen (siehe Fachbuch S. 133).

Auswertung Siebversuch:

Sieb (mm)	0,125	0,25	0,5	1	2	4	8	16	32
Rückstand in g									
Rückstand in %									
Durchgang in %									

Ergebnis:

Name: Klasse: Datum:

4 Herstellen eines Stahlbetonbauteils

Gemäß Bauablaufplanung stehen in Kürze die Betonierarbeiten für die Decke des Untergeschosses unseres Reihenhauses an. Der Beton soll auf die Baustelle geliefert werden. Folgende Forderungen sind bekannt:

- Standardbeton
- Betonsteife des zu verarbeitenden Betons gemäß Ausbreitmaßklasse F3
- Zusammensetzung der Gesteinskörnung im günstigen Sieblinienbereich, Größtkorn 16 mm, ϱ = 2,6 kg/dm³
- Verwendung eines Zements der Festigkeitsklasse 32,5 R
- Eigenfeuchte des Korngemisches 3,5 %

1. Wie viel Beton C16/20 muss für die UG-Decke (einschl. Unterzüge) bestellt werden? Die Betonmenge ist für die Bestellung auf ganze m³ aufzurunden.

2. Ermitteln Sie die benötigten Einzelmengen an Zement (in Säcken je 25 kg), Gesteinskörnung (in t) und Wasser (in m³).

3. Nennen Sie die Arbeitsschritte (mit Einsatz von Maschinen), die nach dem Anliefern des Betons erfolgen, und erläutern Sie, worauf im Einzelnen besonders geachtet werden muss.

Name:

Klasse:

Datum:

4 Herstellen eines Stahlbetonbauteils

1. Welche Bedeutung haben die folgenden Abkürzungen aus dem Themenbereich Betonstähle? Wie heißt das senkrechte Wort in den grau unterlegten Feldern?

Q
B500B
B
A
R

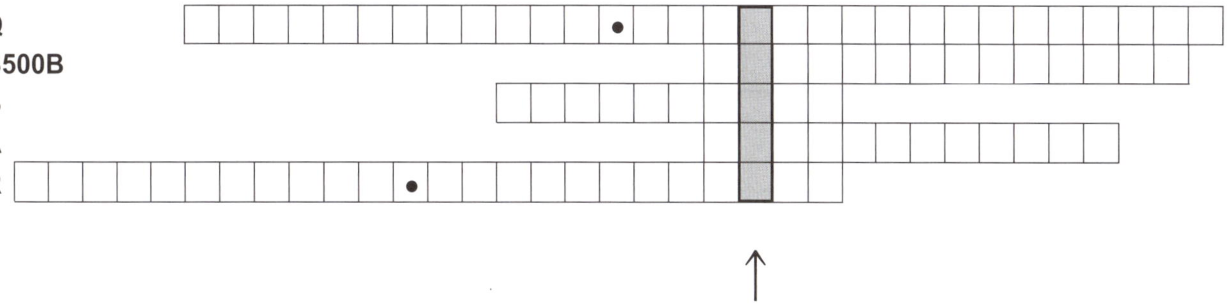

Lösungswort: ____________

2. Die Zeichnung zeigt einen Stahlbetonbalken aus C25/30, der in einem Raum mit hoher Luftfeuchtigkeit eingebaut werden soll.

   a) Beschriften und dimensionieren Sie die einzelnen Bewehrungsstäbe.

Tragstäbe	⌀ 20 mm
Montagestäbe	⌀ 8 mm
Bügel	⌀ 8 mm

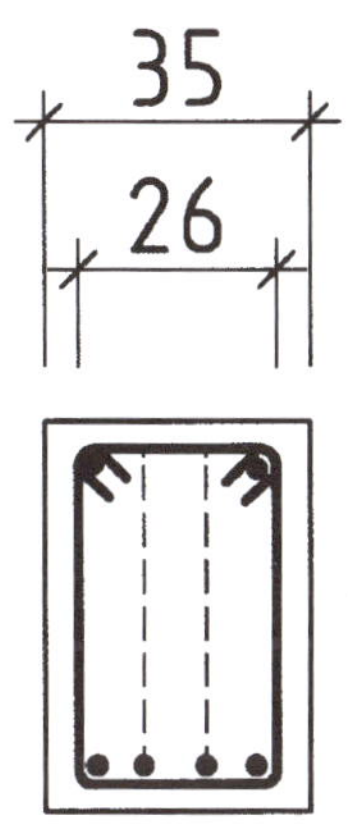

   b) Kontrollieren Sie, ob die vorhandene Betondeckung den Vorschriften entspricht.

   c) Kontrollieren Sie, ob die dargestellten Stahlabstände der Längsstäbe den Vorschriften entsprechen.

Name: | Klasse: | Datum:

4 Herstellen eines Stahlbetonbauteils

Umweltfreundliches Bauen lässt sich verwirklichen, wenn das bei allen Phasen des Projekts berücksichtigt wird.
Wie können wir unsere Umwelt schonen? (Hier ist Teamwork gefragt: Je mehr Leute sich Gedanken darüber machen, umso mehr Möglichkeiten werden gefunden!)

Bei der Planung:

Beim Bau:

Während des Wohnens:

Denkanstöße:

Lebensraum für Insekten

Dachflächen so ↑oder so↓?

Alternative Energienutzung

Wege so ↑ oder so ↓?

Heizen – so nicht!

Name: ____________ Klasse: ____________ Datum: ____________

5 Herstellen einer Holzkonstruktion

1. Die beiden Fotos zeigen dieselbe Baumart (Hochgebirge/Flachland).

   a) Um welche Baumart handelt es sich?

   ____

   b) Weshalb haben sie solche unterschiedlichen Wachstumsausprägungen?

   ____

   ____

   ____

   ____

   ____

   ____

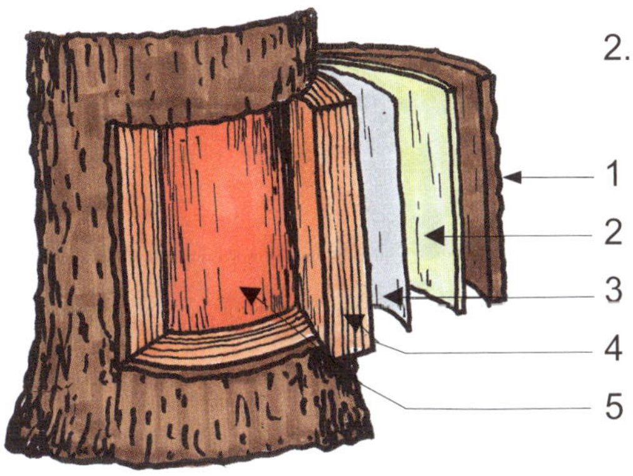

2. Geben Sie die Bezeichnungen der einzelnen Schichten an.

   ____

   ____

   ____

   ____

   ____

3. Ordnen Sie den folgenden Funktionen die Schichten zu:

   __________ bildet die neuen Zellen.

   __________ ist abgestorbenes Holz, dient als Stütze des Baumes.

   __________ ist weiches, faseriges Gewebe, das die Nährstoffe von den Blättern in die übrigen Teile des Baumes leitet.

   __________ ist junges Holzgewebe, das Wasser und Nährsalze zu den Blättern befördert.

   __________ schützt den Baum vor Hitze, Kälte, Insekten und Pilzen.

4. Am Querschnitt eines Stammes kann man den Wachstumsverlauf des Baumes erkennen. Die Abbildung zeigt einen mikroskopischen Querschnitt durch einen Jahrring.

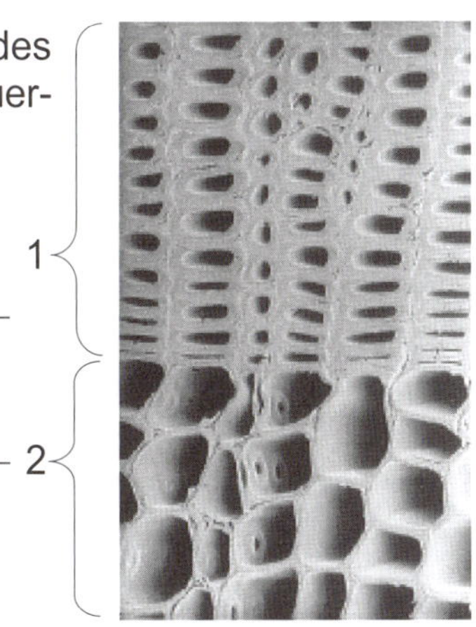

   a) Wie nennt man die Bereiche 1 und 2?

   1 ______________ 2 ______________

   b) Wann entstehen sie jeweils?

   1 ______________ 2 ______________

   c) Welcher Unterschied besteht hinsichtlich ihrer mechanischen Eigenschaften?

   ____

Name: ______________ Klasse: ______________ Datum: ______________

5 Herstellen einer Holzkonstruktion

Handelsformen Holzwerkstoffe

1. Geben Sie die Bezeichnungen für die folgenden Holzquerschnitte an (Angaben in mm).

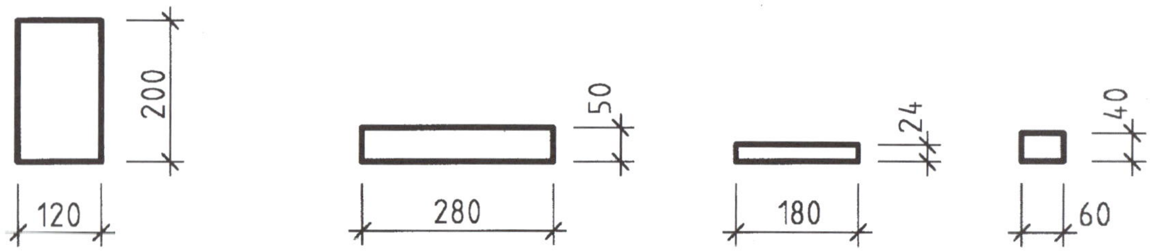

2. Bei Konstruktionsvollholz verwendet man am besten *Vorzugsquerschnitte*. Welche Bedeutung haben diese Querschnitte?

3. Das Reihenhaus soll eine Holztreppe bekommen. Unser Zimmerer sucht für die Geländerpfosten ein geeignetes Stück Kiefernholz aus.

   a) Welche Merkmale weisen die einzelnen Holzstücke auf?

1

2

3

4

   b) Welches Holzstück würden Sie wählen (mit Begründung)?

   Begründung:

4. Um welche Holzwerkstoffe handelt es sich bei den folgenden Abbildungen?

Name: Klasse: Datum:

techn. Eigenschaften des Holzes

5 Herstellen einer Holzkonstruktion

1. Welche Einschnittart zeigt die Abbildung jeweils?

   a) ______________________

   b) ______________________

a) 

b) 

2. Die beiden Abbildungen zeigen zwei Holzfehler. Benennen Sie sie jeweils:

a) 

b) 

a) ______________________

b) ______________________

3. Einige Zeit nach dem Einbau hatte sich die abgebildete Pfette verdreht. Welche Ursache führte zu dieser Verformung?

____

____

4. Was kann man tun, um die Folgen des Arbeitens (Schwinden und Quellen) von Holz zu vermindern?

____

____

____

____

5. In einem Bund Dachlatten fand sich die rechts abgebildete. Darf sie eingebaut werden? (bitte mit Begründung)

____

____

____

____

6. Konstruktiver Holzschutz am Gebäude ist unablässig für eine lange Lebensdauer der Holzbauteile. Erläutern Sie, wie dem in den beiden Abbildungen Rechnung getragen wurde:

a) 

b) 

a) ______________________

____

b) ______________________

____

____

Name:	Klasse:	Datum:

1. Die Außenschalung einer Hütte wurde durch Holzschädlinge zerstört. Welcher Fehler wurde beim Bau gemacht und welche Schädlinge kommen als Schadensverursacher in Frage?

2. Wie heißen die abgebildeten tierischen Holzschädlinge?

3. Welche Maßnahmen umfasst der Holzschutz? s. Lehrbuch, Abschnitt 5.6.1 und 5.6.2

4. Geben Sie Eigenschaften und Anwendung von öligen und wasserlöslichen Holzschutzmitteln an.

Holzschutzmittel	ölige Holzschutzmittel	wasserlösliche Holzschutzmittel
Eigenschaften:		
Anwendung:		

Name: Klasse: Datum:

5 Herstellen einer Holzkonstruktion

1. Welche Hölzer einer Fachwerkwand gehören zu den tragenden, welche zu den aussteifenden Hölzern?

   tragende Hölzer: ______ aussteifende Hölzer: ______

2. Wie wird eine Fachwerkwand in der Längsrichtung ausgesteift? Beschreiben Sie den Kräfteverlauf.

3. Weshalb sollte die Schwelle bei Fachwerkwänden etwa 2 cm über die Außenkante des Fundamentsockels vorstehen?

4. Wie wird eine Strebe an die Pfette (Rähm) angeschlossen?

5. Warum wird das Zapfenloch etwas tiefer ausgearbeitet als die Zapfenlänge?

6. Häufig müssen Schwellen und Pfetten einer Fachwerkwand gestoßen werden, da die handelsüblichen Kantholz- und Balkenlängen den erforderlichen Baulängen nicht entsprechen. Nennen Sie Längsverbindungen für Schwellen und Pfetten.

7. Auch heute noch werden viele traditionelle zimmermannsmäßige Holzverbindungen angewandt. Ordnen Sie die jeweiligen Verbindungen den Details an der Fachwerkwand zu

   ___ Abgestirnter Zapfen
   ___ Stirnversatz und abgesteckter Zapfen
   ___ Zapfen
   ___ Abgesteckter Zapfen und Eckblatt

8. Bei einem Gespräch hören Sie den Fachbegriff *Bundseite*. Was versteht man darunter?

Name: ______ Klasse: ______ Datum: ______

5. Nach den Fachregeln des Deutschen Dachdeckerhandwerks sind *Regeldachneigungen* einzuhalten. Was versteht man unter diesem Begriff?

6. Von welchen Faktoren ist die Regensicherheit abhängig?

7. In der Abbildung rechts wird mit Betondachsteinen gedeckt. Welche weiteren Dachdeckungsmaterialien kennen Sie?

8. Unsere Bauherren haben sich für eine Dacheindeckung mit Falzziegeln entschieden. Berechnen Sie die notwendige Anzahl Ziegel, wenn 15 Stück/m² benötigt werden. Die Sparrenlänge beträgt 7,40 m, die Trauflänge 7,80 m.

9. Wie viel Ziegel müssen bestellt werden, wenn mit 5% Bruch gerechnet wird?

10. Faserzementplatten älteren Herstellungsdatums sind problematisch.
   a) Welches Material wurde früher zur Herstellung dieser Platten verwendet?
   b) Welche Gefahren bestehen beim Abbrechen dieser Platten?

11. Beschreiben Sie die Tätigkeit des Zimmerers auf der Abbildung.

Name: | Klasse: | Datum:

6 Beschichten und Bekleiden eines Bauteiles

1. Ergänzen Sie die Übersicht der Bindemittel für Putze.

Bindemittel	DIN	Für Außenputz verwendbar?

2. Warum darf Gips nicht mit Zement vermischt werden?

3. Erklären Sie die Begriffe *fette Mischungen* und *magere Mischungen*.

4. Erklären Sie den Begriff *Putzleisten* hinsichtlich Arten und Verwendung.

5. Ein guter Putzgrund muss bestimmte Eigenschaften aufweisen. Begründen Sie folgende Forderungen:

kein Mischmauerwerk

sauber

rau

tragfähig

ohne Risse und Fugen

nicht zu saugfähig

Name: Klasse: Datum:

6. Die folgenden Fehler sollten Ihnen nicht unterlaufen. Was können die Ursachen für solche Schäden sein?

Putzschaden:	*Mögliche Ursache:*
Putz sandet ab.	
Putz löst sich über einer Fuge.	
Sockelputz bekommt Schwindrisse.	

7. Welche Eigenschaften muss ein Außenputz aufweisen?

8. Die Bauherren des Reihenhauses haben sich für eine Teilung des geplanten Schlafzimmers in zwei Räume – Schlaf- und Arbeitszimmer – entschieden. Leider fiel die Entscheidung erst nach der Fertigstellung des Hauses. Welche Wandart zur Trennung des Raumes würden Sie vorschlagen? Begründen Sie Ihren Vorschlag.

9. Welche Platten eignen sich als Wandtrockenputz?

10. Ein Altbau soll renoviert werden. Dabei sind auch einige Öffnungen zu verkleinern oder zu vergrößern. Leider sind einige alte Wände recht schief. Damit an diesen schiefen Wänden der Putzauftrag an einigen Stellen nicht zu dick wird, die Wand aber exakt eben werden soll, entscheidet man sich in einem Raum für einen Wandtrockenputz. Wie können die Unebenheiten ausgeglichen werden?

Name: | Klasse: | Datum:

6 Beschichten und Bekleiden eines Bauteiles

1. Im Keller ist ein Hobbyraum vorgesehen. Welche Estrichart schlagen Sie für diesen Raum vor? Begründen Sie.

____

____

____

2. Generationenkonflikt: Junior freut sich des Lebens und hört gerne laute Musik. Entwerfen Sie einen Fußbodenaufbau für die Kinderzimmer mit Anschluss an die Trennwand der beiden Räume. Zeichnen Sie diesen Aufbau als Schnitt im Maßstab 1:5 einschließlich Bemaßung, Beschriftung und Schraffur. Während Junior seine Musik hört und dabei tanzt, muss die Mutter in Ruhe eine Etage tiefer ihre Musik hören können!

Siehe auch **Lernfeld Bautechnik / Grundstufe** Seite ________

Bodenbelag gewählt: ______________________ *d* = ________

Estrich gewählt: ______________________ *d* = ________

Dämmung gewählt: ______________________ *d* = ________

Fußbodenaufbau 1:5

Stahlbetondecke

Name: ______________ Klasse: ______________ Datum: ______________